北京时代华文书局

图书在版编目（CIP）数据

小狗长大了 / （美）苏珊娜·斯莱德文 ；（美）杰夫·耶什图 ； 丁克霞译． -- 北京 ： 北京时代华文书局，2019.5
（生命的旅程）
书名原文：From Puppy to Dog
ISBN 978-7-5699-2957-7

Ⅰ．①小… Ⅱ．①苏… ②杰… ③丁… Ⅲ．①动物－儿童读物 Ⅳ．①Q95-49

中国版本图书馆 CIP 数据核字（2019）第 033066 号

From Puppy to Dog Following the Life cycle
Author：Suzanne Slade
Illustrated by Jeff Yesh

版权登记号 01-2018-6436

生命的旅程　小狗长大了

Shengming De Lücheng　Xiaogou Zhangda Le

著　　者｜（美）苏珊娜·斯莱德 / 文；（美）杰夫·耶什 / 图
译　　者｜丁克霞

出 版 人｜王训海
策划编辑｜许日春
责任编辑｜许日春　沙嘉蕊　王　佳
装帧设计｜九　野　孙丽莉
责任印制｜刘　银

出版发行｜北京时代华文书局 http://www.bjsdsj.com.cn
北京市东城区安定门外大街 138 号皇城国际大厦 A 座 8 楼
邮编：100011 电话：010-64267955 64267677
印　　刷｜小森印刷（北京）有限公司　　电话：010 － 80215073
（如发现印装质量问题，请与印刷厂联系调换）
开　　本｜787mm×1092mm　1/20　　印 张｜12　字 数｜125 千字
版　　次｜2019 年 6 月第 1 版　　印 次｜2019 年 6 月第 1 次印刷
书　　号｜ISBN 978-7-5699-2957-7
定　　价｜138.00 元（全 10 册）

毛茸茸的朋友

世界上有很多不同种类的狗。有的协助人类工作，有的则成了人类的好朋友。看着它们从幼犬慢慢长大，是一件非常令人兴奋的事情。在它们的生命周期中，狗狗会在很多方面发生变化。我们一起来了解一下最受欢迎的宠物——黄金寻回犬的生命周期吧！

一窝幼崽的出生

小狗通常要在妈妈的肚子里生长9周，才能来到这个世界上。这段时间被称作怀孕期。当狗妈妈准备好要生产的时候，它会寻找一个安全的地方生下它的孩子。通常，金毛寻回犬一窝能产下8只幼崽。一窝幼崽指的是一个动物妈妈一次产下的多个动物宝宝们。

不同品种或类型的狗，产下幼崽的数量也有所差别。比如，米格鲁猎兔犬每窝可以产下5～7只幼崽，而体型偏小的小约克夏犬每窝通常只产3只幼崽。

新生的小狗

新生的小狗是很无助的。因为此时它们的眼睛尚未睁开，耳朵也听不见。不过，它们的鼻子却很灵敏，小狗们会凭借嗅觉，待在有狗妈妈气味和奶味的地方。

小狗出生时，身上就有一层柔软的皮毛，叫作“狗狗的外套”。小狗的这层皮毛不会脱落或消失。

妈妈的乳汁

刚出生的小狗们，每天几乎不是在睡觉就是在喝奶。它们从狗妈妈那里吮吸乳汁。小狗出生后的前3周，妈妈的乳汁是它们唯一的食物，里面含有小狗成长所需的各种营养。

新出生的小狗每天大约有30%的时间都在喝奶，有的甚至可能每20分钟就要喝一次奶。

睁眼看世界

大约出生10天后，小狗们的眼睛开始慢慢睁开，但一开始，看东西还很模糊。再过3天，它们的耳朵也开始逐渐能够听到声音。之后，小狗们就能正常地看东西、听声音了。

出生后8～10天，小狗们的体重已经比刚出生时重两倍。

走出家门

出生后2～3周，小狗开始走路。此时，它们对世界充满了好奇。小狗们开始摇摇晃晃地走出家门，探索周围的世界。它们很喜欢玩耍，但也很容易感到疲倦。小狗们还会经常聚在一起打盹。

4～7周的时候，小狗们逐渐开始社会化。这期间，它们会学习如何与人互动，以及如何与其他狗狗们互动。

一个新家

小狗在离开妈妈之前必须先断奶。这意味着，它以后再也不能从妈妈那里喝奶了。一旦断奶，小狗就可以吃固体的食物，从盘子中舔水喝。金毛寻回犬8周大时，就可以离开它们的妈妈了。之后，小狗可能会去到一个新的家庭，由新的主人来喂养它、照顾它。

小狗3周时，它的乳牙开始出现。随着小狗慢慢长大，它的乳牙会逐渐脱落。同时，为了帮助小狗，让它新的、更大的牙齿冲破牙床，小狗的主人可以给它买一些咀嚼类玩具。

生命周期重新开始

1岁左右时，金毛寻回犬就可以被算作是成年犬了。但宠物主人需要注意的是，如果想要成年犬进行交配，最好要等到狗狗们满两岁。

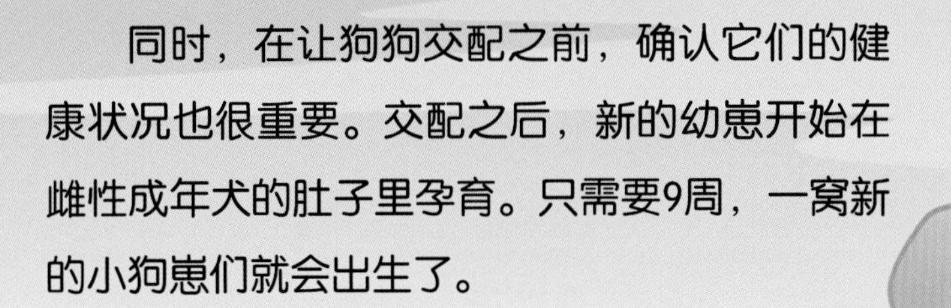

同时，在让狗狗交配之前，确认它们的健康状况也很重要。交配之后，新的幼崽开始在雌性成年犬的肚子里孕育。只需要9周，一窝新的小狗崽们就会出生了。

大多数的宠物主人都会选择给他们的狗狗进行绝育或阉割手术。对雌性犬通常进行绝育，对雄性犬则进行阉割。完成这个手术后，狗狗们就不能再生育小狗了。

衰老

在生命周期的最后阶段，金毛寻回犬开始变得越来越安静。白色的毛发常常耷拉在它们的眼睛和嘴巴附近。即使狗狗们衰老了，需要更多的休息时间，它们也仍然是人类最忠诚、最有爱心的朋友。

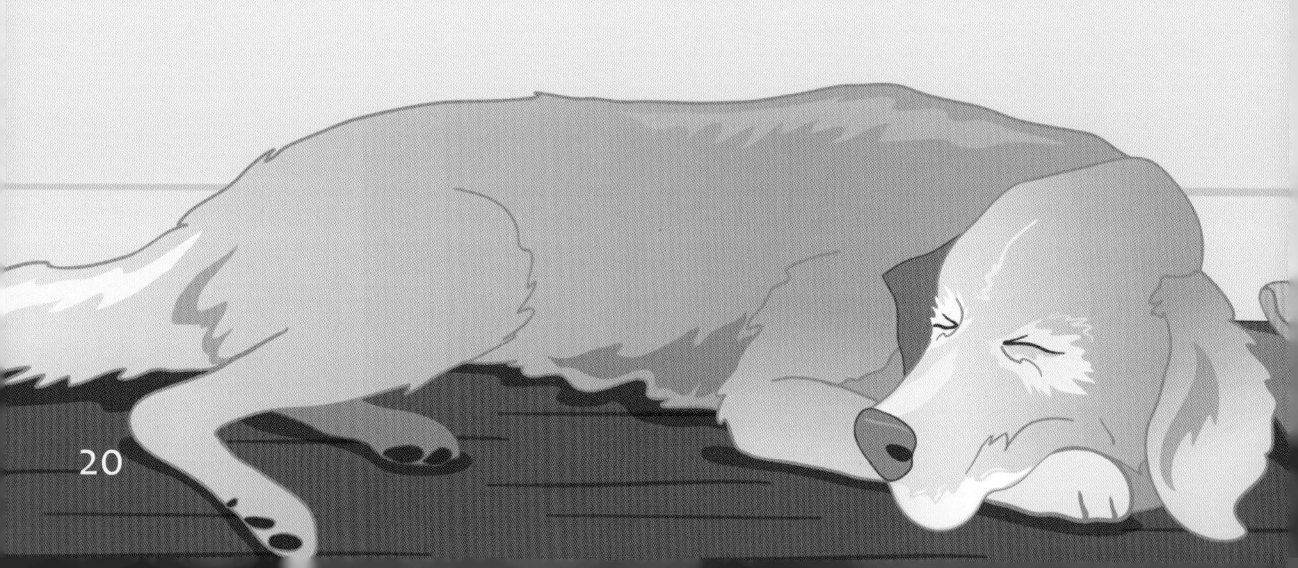

每一种狗都有自己的生命长度。猎犬的寿命通常是11～14年；大多数斗牛犬的寿命只有9年；可卡犬、巴哥犬和格力犬可以活13年；而澳大利亚牧羊犬则可以活16年。

猎犬的生命周期

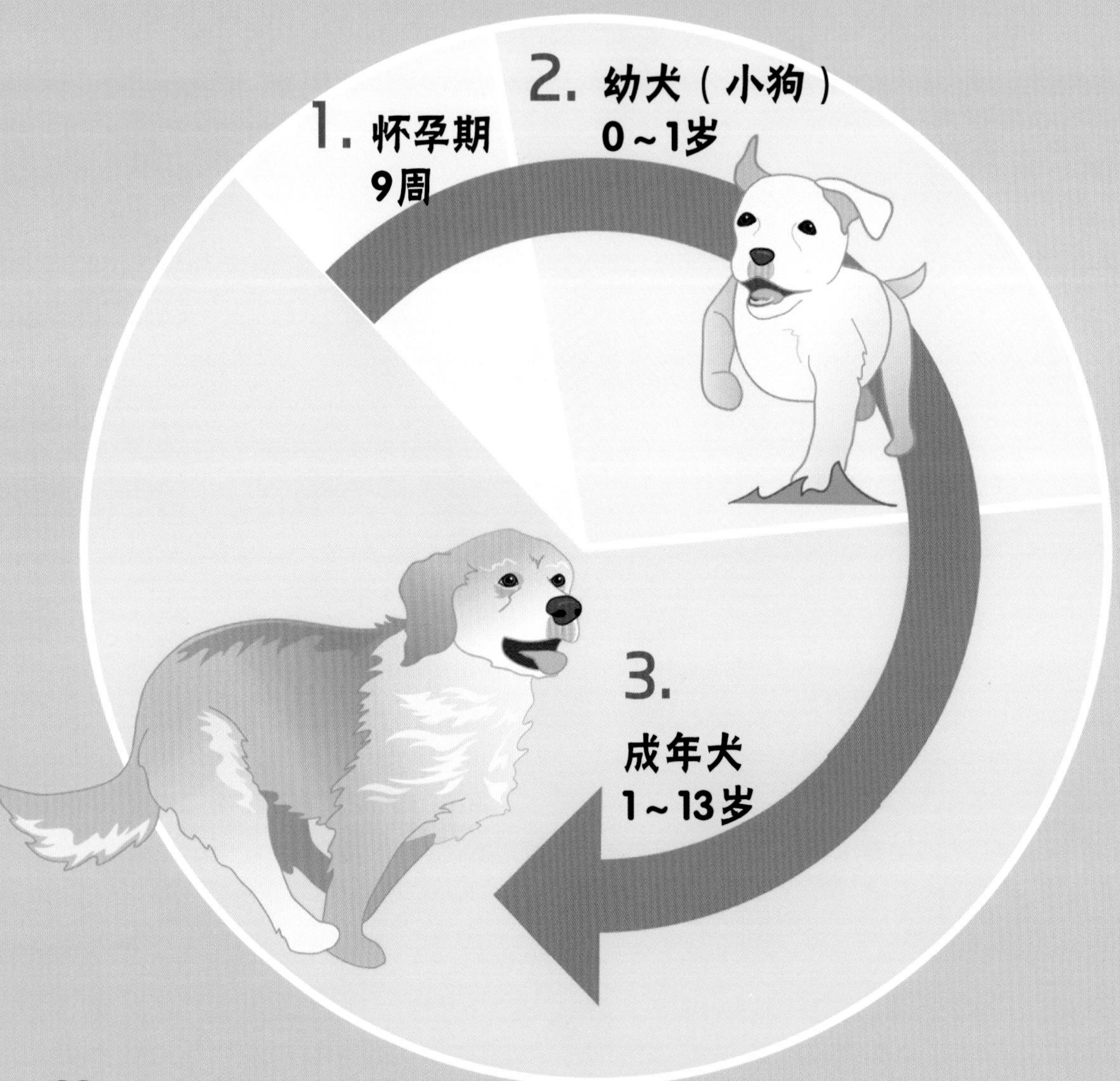

有趣的冷知识

★小狗出生后不久，就能向前爬。然而，要等到15～18天时，它们才学会往后退。

★3周时，小狗开始摇尾巴，它们经常用摇尾巴来表达开心和兴奋。

★狗狗的鼻子总是很湿润，这对它们的嗅觉有很大帮助。如果狗狗要追寻一种气味，它可以舔一下自己的鼻子，以便提升自己对气味的敏感度。

★巴仙吉犬是唯一一种不会叫的犬。这种来自非洲的短毛犬，站起只有约43.2厘米高。

★金毛寻回犬是很好的猎犬。它们还经常被训练为导盲犬。

成年金毛寻回犬

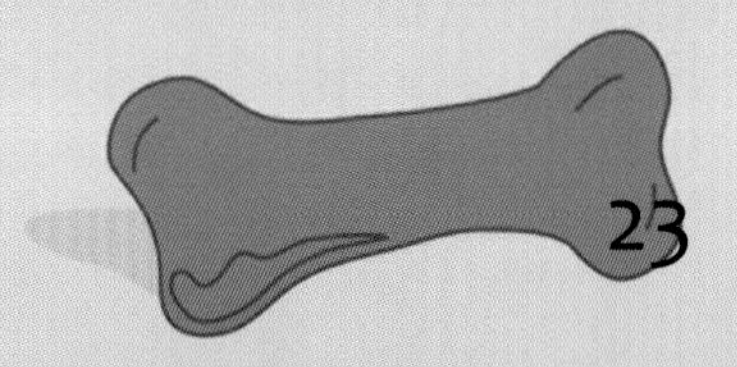